《浙江茶园化肥农药减施增效技术模式》著者名单

主　著： 马立锋　蔡晓明　阮建云

副主著： 石元值　李兆群　边　磊　罗宗秀　伊晓云

著　者： 倪　康　刘美雅　张群峰　杨向德　朱　芸
方　丽　赵晨光

前　言

浙江省是我国重点绿茶产区，茶叶产量和茶园面积在全国并不高，但产值却名列前茅。由于经济效益好，有的茶农甚至会使用过量的化肥、农药以保证茶叶的产量和品质。浙江省高施肥区茶园（注：N＞30 千克 / 亩、P_2O_5＞10 千克 / 亩、K_2O＞10 千克 / 亩，氮磷钾总量超过 50 千克 / 亩），氮肥（以 N 计）用量为 59.9 千克 / 亩，磷肥（以 P_2O_5 计）用量为 28.9 千克 / 亩，钾肥（以 K_2O 计）用量为 32.5 千克 / 亩，其中化肥用量比例为 96%，有机肥用量只占 4%。高施肥区茶园占全省茶园面积的 31%。茶小绿叶蝉、茶尺蠖、灰茶尺蠖、茶棍蓟马、茶丽纹象甲、茶毛虫、茶树害螨、炭疽病等是浙江省发生的主要病虫害，化学农药主要用于防治茶树害虫，占化学农药总量的 91%。如茶小绿叶蝉在浙江 1 年发生 9～11 代，茶尺蠖 / 灰茶尺蠖发生 6 代，化学农药的用量相对较大。

针对浙江部分茶园肥料用量大、配方肥用量不足、有机肥料使用率低，茶园农药使用普遍、用量仍较高、农药超标等质量安全事件时有发生等问题，在国家重点研发计划项目“茶园化肥农药减施增效技术集成研究与示范”（2016YFD0200900）项目的支持下，进行了浙江茶园化肥农药减施增效技术模式研究。针对浙江省名优绿茶、大宗绿茶 / 香茶、抹茶、白化型茶树品种等不同生产茶园提出了“有机肥＋茶树专用肥”“茶树专用肥＋酸化改良剂”“有机肥＋新型肥料”“有机肥＋水肥一体化”“沼液肥＋茶树专用肥”“鼠茅草＋有机肥＋茶树专用肥”等高效施肥技术模式。针对茶尺蠖、灰茶尺蠖、茶毛虫、茶小绿叶蝉、害螨、茶丽纹象甲、炭疽病等主要病虫害提出了相关的绿色防控技术，分别形成了化学农药减施增效技术模式。

在浙江省主要茶区多年多点的试验示范结果表明，化肥平均减施 48%、有机肥替代化肥 25% 情况下，茶叶平均增产 5.9%，化肥农学利用率提高 100% 以上，绿茶品质略有提升，每亩节本增效 1 254 元，土壤质量和环境状况明显改善。化学农药平均减量 85%（按有效成分计算），茶叶平均增产 10.8%，化学农药利用率提高 21.7%，每亩节本增效 1 082 元。茶叶农药残留种类和残留量大幅降低，部分达到出口欧盟标准。

浙江茶园化肥农药减施增效技术模式科学性强，易于操作，具有较强的实用性，适合从事茶叶生产的茶农、基层技术推广人员学习和使用。

为了进一步加强化肥农药减施增效技术的推广和应用，为浙江茶产业绿色高质量发展发挥重要推动作用，特编写了本书。在编写过程中得到了众多单位和个人的大力支持，在此谨致谢意！

由于作者知识所限，不当之处敬请广大读者批评指正。

著　者

2021 年 2 月

目 录

上篇　高效施肥技术模式

下篇　高效绿色防控技术模式

名优绿茶采摘茶园
茶树专用肥＋酸化改良剂　高效施肥技术模式

适用茶园	土壤酸化严重（pH值<4.0）茶园		
施肥时期	10 月上中旬 （基肥）	春茶开采前 40 ~ 50 天 （催芽肥）	春茶结束后 （4 月底至 5 月上旬）
肥料组成及用量	茶树专用肥 50 ~ 60 千克/ 亩（18−8−12 或相近配方）+ 土壤酸化改良剂 50 ~ 100 千克/ 亩	尿素 8 ~ 10 千克/ 亩	尿素 8 ~ 10 千克/ 亩
施肥方式	茶树专用肥开沟 15 ~ 20 厘米施，施用后覆土，或结合机械深施，土壤酸化改良剂可行间撒施	茶树行间地面撒施后，机械翻耕 5 ~ 10 厘米	茶树行间地面撒施后，机械翻耕 5 ~ 10 厘米
配套措施	茶树休眠后，无霜冻区域在10 月下旬至11 月上中旬进行轻修剪（树冠顶部 3 ~ 5 厘米剪去）		施肥后重修剪（离地 40 ~ 50厘米处剪去）
操作图片	 1. 机械深施基肥	 2. 人工撒施酸化改良剂	 3. 机械翻耕追肥
	 4. 采茶	 5. 茶树重修剪	

小知识

名优绿茶原料：指以单芽至 1 芽 2 叶初展为采摘标准的鲜叶。

测土配方施肥：以土壤测试和肥料田间试验为基础，根据茶树需肥规律、土壤供肥性能和肥料效应，在合理施用有机肥料的基础上，提出氮、磷、钾及中微量元素等肥料的施用品种、数量、施肥时期和施用方法。

对照表 1 中土壤有效磷、有效钾、有效镁含量，当土壤养分状况分级为“低”时，施肥模式中肥料施肥量按上限用量施用；土壤养分含量为“高”时，按下限用量施用；土壤养分含量为“中”时，按氮磷钾比例确定用量［氮磷钾比例 1 :（0.2～0.3）:（0.4～0.5）］。

表 1　茶园土壤磷、钾、镁养分状况诊断分级

分级	有效磷（毫克 / 千克）		有效钾（毫克 / 千克）		有效镁（毫克 / 千克）	
	布雷 1 法	麦雷克 3 法	中性醋酸铵	麦雷克 3 法	中性醋酸铵	麦雷克 3 法
低	≤5	≤10	≤80	≤100	≤40	≤45
中	5～10	10～20	80～120	100～150	40～60	45～65
高	≥10	≥20	≥120	≥150	≥60	≥65
浸提剂组成	布雷 1 法浸提剂组成：0.03 摩尔 / 升 NH_4F，0.025 摩尔 / 升 HCl 麦雷克 3 法浸提剂组成：0.2 摩尔 / 升 CH_3COOH，0.25 摩尔 / 升 NH_4NO_3，0.015 摩尔 / 升 NH_4F，0.013 摩尔 / 升 HNO_3，0.001 摩尔 / 升 EDTA 中性醋酸铵浸提剂：1 摩尔 / 升醋酸铵，pH 值 =7.0					

大宗绿茶 / 香茶采摘茶园
茶树专用肥 + 酸化改良剂　高效施肥技术模式

适用茶园	土壤酸化严重（pH值<4.0）茶园			
施肥时期	10月上中旬（基肥）	春茶开采前30～40天（催芽肥）	春茶结束后	夏茶结束后
肥料组成及用量	茶树专用肥70～90千克/亩（18-8-12或相近配方）+土壤酸化改良剂50～100千克/亩	尿素 8～10千克/亩	尿素 8～10千克/亩	尿素 8～10千克/亩
施肥方式	茶树专用肥开沟15～20厘米施，施用后覆土，或结合机械深施。土壤酸化改良剂行间撒施	茶树行间地面撒施后，机械翻耕5～10厘米	茶树行间地面撒施后，机械翻耕5～10厘米	茶树行间地面撒施后，机械翻耕5～10厘米
配套措施	连续机采1～2年后，留养1季；连续机采4～5年后，进行重修剪更新茶树，重新培养机采蓬面			
操作图片	1. 机械深施基肥；2. 人工撒施酸化改良剂；3. 机械翻耕追肥；4. 机采；5. 掸剪			

小知识

大宗绿茶原料：指以1芽2叶至1芽5叶为采摘标准的鲜叶。

香茶原料：采摘的标准、嫩度介于名茶与大宗茶之间，一般是1芽2叶至1芽3叶为采摘标准的鲜叶。

掸剪：指茶叶机械化采摘后，对突出于茶树蓬面枝梢的剪除，以保证茶树冠面整齐的一个树冠维护措施。

茶树专用肥：根据茶园土壤农化性质和茶树生长需求配制的多元素复合肥料。模式中所使用的专用肥N：P_2O_5：K_2O配比为18：8：12。

尿素：是当前茶园中施用最普遍的氮肥之一。含氮量44%～46%，中性肥料，性质稳定，颗粒状。尿素本身不挥发，但经脲酶分解形成NH_4^+后，以NH_3的形式挥发，施肥时适当深施。

茶园土壤酸化：长期种植茶树后，由于施肥不当、茶树自身分泌有机酸等导致土壤酸度加重。当土壤pH值＜4.0时，被认为茶园土壤酸化。

土壤酸化改良剂主要有：

（1）无机改良剂：含有钙镁中的一种或两种元素的无机改良剂，主要是氧化物、氢氧化物或碳酸盐的形式，用于保持或提高土壤的pH值。

（2）有机改良剂：以植物残体和（或）动物废弃物为主要原料制成的有机改良剂，能改善土壤物理、化学、生物性状。

（3）生物质改良剂：在限氧或者无氧的条件下对生物质进行热裂解，产生的多孔固体颗粒物质。

名优绿茶采摘茶园
有机肥+茶树专用肥　高效施肥技术模式

施肥时期	10月上中旬（基肥）	春茶开采前40～50天（催芽肥）	春茶结束后（4月底到5月上旬）
肥料组成及用量	菜籽饼100～150 千克/亩（或畜禽粪有机肥150～200千克/亩）+茶树专用肥20～30千克/亩（18-8-12或相近配方）	尿素8～10千克/亩	尿素8～10千克/亩
施肥方式	有机肥和专用肥拌匀后开沟15～20 厘米施，施用后覆土，或结合机械深施	茶树行间地面撒施后，机械翻耕5～10 厘米	茶树行间地面撒施后，机械翻耕5～10 厘米
配套措施	茶树休眠后，无霜冻区域在10月下旬至11月上中旬进行轻修剪（树冠顶部3～5厘米剪去）		春茶结束进行重修剪（离地40～50 厘米处剪去）
操作图片	 1. 机械深施基肥  2. 机械翻耕施追肥 3. 采茶 4. 茶树重修剪	 	

小知识

有机肥：以植物残体和（或）动物废弃物为主要原料加工而成的肥料。主要包括植物源有机肥（如饼肥、绿肥）和动物源有机肥（如畜禽粪肥）。有机肥是一种全营养肥，释放时间长，但其总养分和有效性低，应与化肥配合使用，取长补短。

有机肥替代化肥比例：有机肥替代化肥的适宜比例为总施肥量（以纯 N 计）的 20%～30%，有机肥养分计入年度总用量。按表 2 中的养分年度适宜用量中扣除有机肥养分后确定化肥用量。

表 2　基于总氮控制、磷钾基准养分配比施肥技术的绿茶生产茶园养分适宜用量和限量推荐

茶类	养分	适宜用量（千克 / 亩）	限量（千克 / 亩）	备注
名优绿茶	氮（N）	13.3～20.0	20.0	根据产量和土壤条件进行调整
叶色白化 / 黄化品种茶		13.3～16.7	20.0	
大宗绿茶 / 香茶		20.0～30.0	30.0	
各类茶	磷（P_2O_5）	4.0～6.0	10.0	
	钾（K_2O）	4.0～8.0	10.0	
	镁（MgO）	2.7～4.0		
	微量元素			
	硫酸锌（$ZnSO_4 \cdot 7H_2O$）	0.7～1.0		根据土壤测试，缺乏时使用
	硫酸锰（$MnSO_4 \cdot H_2O$）	1.0～2.0		
	硫酸铜（$CuSO_4 \cdot 5H_2O$）	0.3～0.5		
	硼砂（$Na_2B_4O_7 \cdot 10H_2O$）	0.2～0.4		

茶树休眠后轻修剪的好处：①蓬面上未成熟芽叶会消耗树体营养，修剪掉后减少营养消耗，有利于根部贮存养分。②解除顶端优势，有利于翌年春季枝条的侧芽早发芽、发壮芽。③发芽整齐。

大宗绿茶/香茶采摘茶园
有机肥+茶树专用肥 高效施肥技术模式

施肥时期	10月上中旬（基肥）	春茶开采前30～40天（催芽肥）	春茶结束后	夏茶结束后
肥料组成及用量	菜籽饼150～200千克/亩（或畜禽粪有机肥200～300千克/亩）+茶树专用肥30～40千克/亩（18-8-12或相近配方）	尿素 8～10千克/亩	尿素 8～10千克/亩	尿素 8～10千克/亩
施肥方式	有机肥和专用肥拌匀后开沟15～20厘米施，施用后覆土，或结合机械深施	茶树行间地面撒施后，机械翻耕5～10厘米	茶树行间地面撒施后，机械翻耕5～10厘米	茶树行间地面撒施后，机械翻耕5～10厘米
配套措施	连续机采1～2年后，留养1季；连续机采4～5年后，进行重修剪更新茶树，重新培养机采蓬面			
操作图片	 1. 机械深施基肥	 2. 机械翻耕施追肥	 3. 机采	 4. 掸剪

小知识

茶树修剪：指利用茶树的分枝习性，采用不同的修剪措施来调节控制树冠高度、芽数、芽重，使之比例协调、蓬面均衡，并起到调整芽梢萌发的作用。

生产茶园修剪一般包括轻修剪、深修剪、重修剪和台刈。

（1）轻修剪：通常是指剪去茶树蓬面 5 厘米左右的枝叶，或将蓬面突出枝条剪去。

（2）深修剪：通常是指剪去树冠蓬面 15 厘米左右的枝叶。

（3）重修剪：通常是指离地 40～50 厘米对茶树进行修剪的一种树冠改造技术措施。

（4）台刈：通常是指离地 5～10 厘米对茶树进行修剪的一种树冠改造技术措施。

叶色白化/黄化品种茶园 有机肥＋茶树专用肥　高效施肥技术模式

施肥时期	10月上中旬（基肥）	春茶开采前40～50天（催芽肥）	春茶结束后（4月底到5月上旬）
肥料组成及用量	菜籽饼100～150千克/亩(或畜禽粪有机肥150～200千克/亩)+茶树专用肥20～30千克/亩（18-8-12或相近配方）	尿素5～6千克/亩	尿素5～6千克/亩
施肥方式	有机肥和专用肥拌匀后开沟15～20厘米施，施用后覆土，或结合机械深施	茶树行间地面撒施后，机械翻耕5～10厘米	茶树行间地面撒施后，机械翻耕5～10厘米
配套措施	茶树休眠后，无冻害地区在10月下旬至11月上旬进行轻修剪（树冠顶部3～5厘米剪去）		春茶结束进行重修剪（离地40～50厘米处剪去）
操作图片	 1. 人工撒施基肥  4. 机械翻耕追肥	 2. 机械深施基肥  5. 采茶	 3. 人工撒施追肥  6. 茶树重修剪

小知识

白化型茶树品种：指具有春季或全年新梢芽叶呈白色或黄色，并具有可逆性返绿特征，茶叶中氨基酸含量普遍高于常规绿叶品种的一类茶树品种，包括：

（1）叶色白化品种：主要有白叶 1 号、景白 1 号、景白 2 号、千年雪等茶树品种，一般以温度诱导变异为主。

（2）叶色黄化品种：主要有黄金芽、郁金香、中黄 1 号、中黄 2 号、中黄 3 号等茶树品种，一般以光照诱导变异为主。

名优绿茶采摘茶园 有机肥+新型肥料 高效施肥技术模式

施肥时期	10月上中旬（基肥）	春茶开采前40～50天（催芽肥）	春茶结束后（4月底到5月上旬）
肥料组成及用量	菜籽饼100～150千克/亩（或畜禽粪有机肥150～200 千克/亩）+新型肥料20～25 千克/亩（添加硝化抑制，18-8-12或相近配方）	尿素8～10千克/亩	尿素8～10千克/亩
施肥方式	有机肥和新型肥拌匀后开沟 15～20 厘米施，施用后覆土，或结合机械深施	茶树行间地面撒施后，机械翻耕5～10厘米	茶树行间地面撒施后，机械翻耕5～10厘米
配套措施	茶树休眠后，无霜冻区域在10月下旬至11月上中旬进行轻修剪（树冠顶部3～5厘米剪去）		施肥后重修剪（离地40～50厘米处剪去）
操作图片	1. 人工撒施基肥（图中标注：新型肥）	2. 机械深施基肥	3. 机械翻耕追肥
	4. 采茶	5. 茶树重修剪	

小知识

新型肥料：经过一定工艺加入脲酶抑制剂和（或）硝化抑制剂，施入土壤后能通过脲酶抑制剂抑制尿素的水解，和（或）通过硝化抑制剂抑制铵态氮的硝化，使肥料期延长的一类含氮肥料（包含含氮的二元或三元肥料和单质肥料）。

脲酶抑制剂：主要抑制土壤中脲酶活性，延缓尿素水解，减少氨的挥发损失。

硝化抑制剂：具有抑制亚硝化、硝化、反硝化过程，控制土壤中NH_4^+向NO_2^-、NO_3^-转化的作用。减少NO_2^-、NO_3^-的淋溶损失和反硝化造成的氮肥损失。

大宗绿茶/香茶采摘茶园
有机肥+新型肥料　高效施肥技术模式

施肥时期	10月上中旬（基肥）	春茶开采前30～40天（催芽肥）	春茶结束后	夏茶结束后
肥料组成及用量	菜籽饼150～200千克/亩（或畜禽粪有机肥200～300千克/亩）+新型肥料25～30千克/亩（添加硝化抑制剂，18-8-12或相近配方）	尿素 8～10千克/亩	尿素 8～10千克/亩	尿素 8～10千克/亩
施肥方式	有机肥和新型肥拌匀后开沟15～20厘米施，施用后覆土，或结合机械深施	茶树行间地面撒施后，机械翻耕5～10 厘米	茶树行间地面撒施后，机械翻耕5～10 厘米	茶树行间地面撒施后，机械翻耕5～10 厘米
配套措施	连续机采1～2年后，留养1季；连续机采4～5年后，进行重修剪更新茶树，重新培养机采蓬面			
操作图片	1. 人工开沟施基肥	2. 机械深施基肥	3. 人工撒施追肥	
	4. 机械翻耕追肥	5. 机采	6. 掸剪	

小知识

基肥：在当年茶树停止采摘，茶树地上部休眠后施入的肥料。一般浙江省施基肥的时期在 10 月上中旬，有机肥也可以适当早施（如 9 月中下旬），具体施肥时期根据气象条件调整，遇到暖冬，施用基肥的时间需推迟，防止芽叶萌发。

基肥的作用：补充当年因采摘茶叶而带走的养分，增加茶树光合作用产物和根系养分储备，为翌年春茶的萌发提供养分。

适合作基肥的肥料应具有缓慢释放的特点，以有机肥和复合肥为主，也可以适当掺合一部分速效肥。

催芽肥：开春以后，气温回升茶芽开始萌动前施的肥料，实现茶芽早发、旺发，保证茶叶增产提质。

适合作追肥的肥料应具有速效的特点，以速效氮、磷、钾肥为主。

名优绿茶采摘茶园
有机肥+水肥一体化　高效施肥技术模式

施肥时期	10月上中旬 （基肥）	春茶前至10月
肥料组成及用量	菜籽饼100～150千克/亩（或畜禽粪有机肥150～200千克/亩）	全年分6～7次滴灌施肥，每次每亩水溶性肥料按N、P_2O_5、K_2O、MgO分别为1.3～1.5千克、0.3～0.5千克、0.4～0.6千克、0.1～0.2千克施用。滴灌施肥时间分别为：春茶开采前40～50天、春茶开采前30～40天、春茶开采前10～20天、5月中旬、7月中旬、（9月中旬）*、10月中旬
施肥方式	有机肥开沟15～20厘米施，施用后覆土，或结合机械深施	滴灌
配套措施	茶树休眠后，无冻害地区在10月下旬至11月上旬进行轻修剪（树冠顶部3～5厘米剪去）	春茶结束进行重修剪（离地40～50厘米处剪去）
操作图片	 1. 机械深施基肥  3. 采茶	 2. 茶园滴灌施肥  4. 茶树重修剪

* 括号中日期为可选的施肥时间，下同

小知识

水肥一体化：根据茶树需求，利用管道滴灌系统，借助压力系统或地形自然落差，直接将水肥输送到茶树根系附近，以水促肥，以肥调水，实现水肥耦合，全面提升茶园水肥利用效率。

水肥一体化滴灌系统运行前，应对系统全面检查，保证系统正常运行。施肥后不应立即停止系统运行，应利用清水继续把残留在管道内的肥液冲洗干净，以防止肥料堵塞滴头、腐蚀滴灌系统。在寒冷的冬季，为防止滴灌系统冻裂，要求将滴灌系统管道内的水排净。

大宗绿茶/香茶采摘茶园
有机肥+水肥一体化　高效施肥技术模式

施肥时期	10月上中旬 （基肥）	春茶前至10月
肥料组成及用量	菜籽饼150～200千克/亩（或畜禽粪有机肥200～300千克/亩）	全年分6～7次滴灌施肥，每次每亩施水溶性N、P_2O_5、K_2O、MgO分别为2.0～2.2千克、0.5～0.7千克、0.6～0.8千克、0.2～0.3千克，时间分别为春茶开采前30～40天、春茶开采前10～20天、春茶结束、6月中旬、7月中旬、（8月中旬）、10月中旬
施肥方式	有机肥开沟15～20厘米施，施用后覆土，或结合机械深施	滴灌
配套措施	连续机采1～2年后，留养1季；连续机采4～5年后，进行重修剪更新茶树，重新培养机采蓬面	
操作图片	 1.机械深施基肥 　2. 茶园滴灌施肥 　3. 机采 　4. 茶树修边 　5. 茶树掸剪	

叶色白化/黄化品种茶园 有机肥+水肥一体化 高效施肥技术模式

施肥时期	10月上中旬（基肥）	春茶前至10月
肥料组成及用量	菜籽饼100～150千克/亩（或畜禽粪有机肥150～200千克/亩）	全年分12～14次滴灌施肥，每次每亩水溶性肥料按N、P_2O_5、K_2O用量分别为0.5～0.6千克、0.1～0.2千克、0.3～0.4千克施用。滴灌时间分别为：1月底、2月中旬、3月初、3月中旬、4月中旬、5月初、5月中旬、6月初、7月中旬、8月中旬、（9月初）、9月中旬、（10月初）、10月中旬
施肥方式	有机肥开沟15～20厘米施，施用后覆土，或结合机械深施	滴灌
配套措施	茶树休眠后，无冻害地区在10月下旬至11月上旬进行轻修剪（树冠顶部3～5厘米剪去）	春茶结束进行重修剪（离地40～50厘米处剪去）
操作图片	 1.机械深施基肥；2.滴灌施肥系统；3.滴灌管道系统；4.采茶；5.茶树重修剪    	

名优绿茶采摘茶园 沼液肥+茶树专用肥 高效施肥技术模式

施肥时期	10月上中旬（基肥）	春茶前至10月
肥料组成及用量	菜籽饼100～150千克/亩（或畜禽粪肥有机肥150～200千克/亩）+茶树专用肥10～15千克/亩（18-8-12或相近配方）	分4～5次根灌施肥，每次施沼液500～1 000千克/亩（按沼：水为1：1稀释）掺入尿素3～4千克/亩。根灌时间分别为春茶开采前40～50天、开采前20～30天、春茶结束、7月上旬、（10月上旬）
施肥方式	有机肥和茶树专用肥拌匀后开沟15～20厘米施，施用后覆土，或结合机械深施	根灌
配套措施	茶树休眠后，无冻害地区在10月下旬至11月上旬进行轻修剪（树冠顶部3～5厘米剪去）	春茶结束进行重修剪（离地40～50厘米处剪去）
操作图片	 1.人工撒施基肥 2.机械深施基肥 3.沼液池 4.根灌沼液 5.采茶 6.茶树重修剪	

小知识

沼液肥：畜禽粪便等废弃物经厌氧发酵，排出沼气后形成的液态肥料。

刚出池的沼液肥不宜立即施用，原液必须充分发酵腐熟，应先在储粪池中堆沤1周，经过充分发酵后再根灌；沼液不宜直接施用，使用前将沼液与水以1∶1的比例稀释后根灌；沼液不宜过量施用，一次性过量根灌容易产生径流和渗漏，造成对环境的二次污染。

大宗绿茶/香茶采摘茶园
沼液肥+茶树专用肥 高效施肥技术模式

施肥时期	10月上中旬 （基肥）	春茶前至10月
肥料组成及用量	菜籽饼150～200千克/亩（或畜禽粪有机肥200～300千克/亩）+茶树专用肥20～25千克/亩（18-8-12或相近配方）	分6～7次根灌施肥，每次施沼液500～1 000千克/亩（按沼：水为1：1稀释）、掺入尿素4～5千克/亩。浇灌时间分别为春茶开采前30～40天、开采前10～20天、春茶结束、6月上旬、7月上旬、8月上旬、（10月上旬）
施肥方式	有机肥和茶树专用肥拌匀后开沟15～20厘米施，施后覆土，或结合机械深施	根灌
配套措施	连续机采1～2年后，留养1季；连续机采4～5年后，进行重修剪更新茶树，重新培养机采蓬面	
操作图片	 1.机械深施基肥；2.沼液池；3.根灌带；4.机采；5.掸剪    	

叶色白化/黄化品种茶园
鼠茅草+有机肥+茶树专用肥　高效施肥技术模式

施肥时期	10 月上中旬 （基肥）	春茶开采前 40 ~ 50 天 （催芽肥）	春茶结束后 （4月底至5月上旬）
肥料组成及用量	菜籽饼100 ~ 150千克/亩（或畜禽粪有机肥150 ~ 200千克/亩）+茶树专用肥20 ~ 30千克/亩（18-8-12或相近配方）+鼠茅草籽1 ~ 2千克/亩	尿素5 ~ 6千克/亩	尿素5 ~ 6千克/亩
施肥方式	有机肥和专用肥拌匀后开沟15 ~ 20厘米施，施用后覆土，或结合机械深施肥后进行鼠茅草籽撒播，播种后适当覆土	茶树行间地面撒施，适当覆盖	茶树行间地面撒施，适当覆盖
配套措施	茶树休眠后，无冻害地区在10月下旬至11月上旬进行轻修剪（树冠顶部3 ~ 5厘米剪去）		春茶结束进行重修剪（离地40 ~ 50厘米处剪去）
操作图片	 1.人工撒施基肥  2.机械深施基肥  3.鼠茅草萌发 4.鼠茅草生长期 5.鼠茅草枯草期 6.采茶 7.茶树重修剪	 	 

小知识

鼠茅草：是一种冷季型生草品种，生长期为秋末至翌年夏初，进入夏季后逐渐枯萎。

鼠茅草抑制杂草效果好，达到“以草除草”的目的。鼠茅草直立性差，长到一定高度后会自然倒伏，不与茶树争光。一次播种，多年有效，期间只要少量补播，大大节省除草成本。

鼠茅草种子小，播种时应与细土或细沙拌匀，种子和细土（细沙）按1：（5～10）的比例拌匀，均匀撒播于茶行间，播种后覆盖薄土（1～2厘米），撒播不均匀会影响抑草效果。

抹茶采摘茶园
高效施肥技术模式

施肥时期	10月上中旬 （基肥）	春茶开采前30～40天 （催芽肥）	春茶结束后	夏茶结束后
肥料组成及用量	菜籽饼200～300千克/亩（或畜禽粪有机肥300～500千克/亩）+茶树专用肥40～50千克/亩（N-P_2O_5-K_2O-MgO 22-8-12-2或相近配方）+硫酸镁（$MgSO_4 \cdot 7H_2O$）5～10千克/亩	尿素 10～12千克/亩	尿素 10～12千克/亩	尿素 10～12千克/亩
施肥方式	有机肥和专用肥拌匀后开沟 15～20 厘米施，施用后覆土，或结合机械深施	茶树行间地面撒施后，机械翻耕5～10厘米	茶树行间地面撒施后，机械翻耕5～10厘米	茶树行间地面撒施后，机械翻耕5～10厘米
遮阴覆盖与采摘	①采用草帘、遮阳网等覆盖，搭棚或直接覆盖；采摘时边揭边采，宜选择阴天或早晚时分采摘，采摘鲜叶加工前宜黑暗（避光）处摊凉。 ②1芽2叶新梢占70%以上，覆盖15～25天（遮阴度85%~90%为宜）			
配套措施	①叶面肥：11月中下旬，翌年茶芽萌发前喷施。喷施方法：喷施0.5%～1.0%尿素，或喷施500毫升/亩氨基酸类等叶面肥（按说明书稀释），间隔2周后再喷施一次。 ②留养与修剪：连续机采1～2年后，留养1季；连续机采4～5年后，进行重修剪更新茶树，重新培养机采蓬面			
操作图片	 1.机械深施基肥	 2. 人工撒施追肥	 3.机械翻耕追肥	
	 4.搭棚覆盖	 5.机采		

小知识

抹茶鲜叶原料：通过覆盖遮阴得到的鲜叶，鲜叶叶色墨绿、持嫩性好。

遮阴：用草帘、遮阳网等覆盖茶树，以达到遮蔽阳光的效果，可分为直接覆盖和搭棚覆盖。

叶面肥：以植物叶面吸收为途径，将作物所需养分直接施用于叶面并能被其吸收利用的肥料，不建议用含激素类叶面肥。

叶面肥的种类主要有：大量元素类叶面肥（水溶性氮、磷、钾肥）、中微量元素类叶面肥（如镁、铁、锌等）、有机质类叶面肥（如氨基酸类叶面肥、腐植酸类叶面肥等）。

镁肥：除了氮、磷、钾三种大量营养元素，镁在茶树生长发育和茶叶品质形成中具有至关重要的作用。我国茶园土壤普遍缺镁。缺镁茶树生长缓慢，老叶片主脉附近出现深绿色带有黄边的“V”形小区，以后逐步扩大出现缺绿症，形成“鱼骨”形缺绿症。严重缺镁时，新梢嫩叶也黄化，生长逐渐停止。

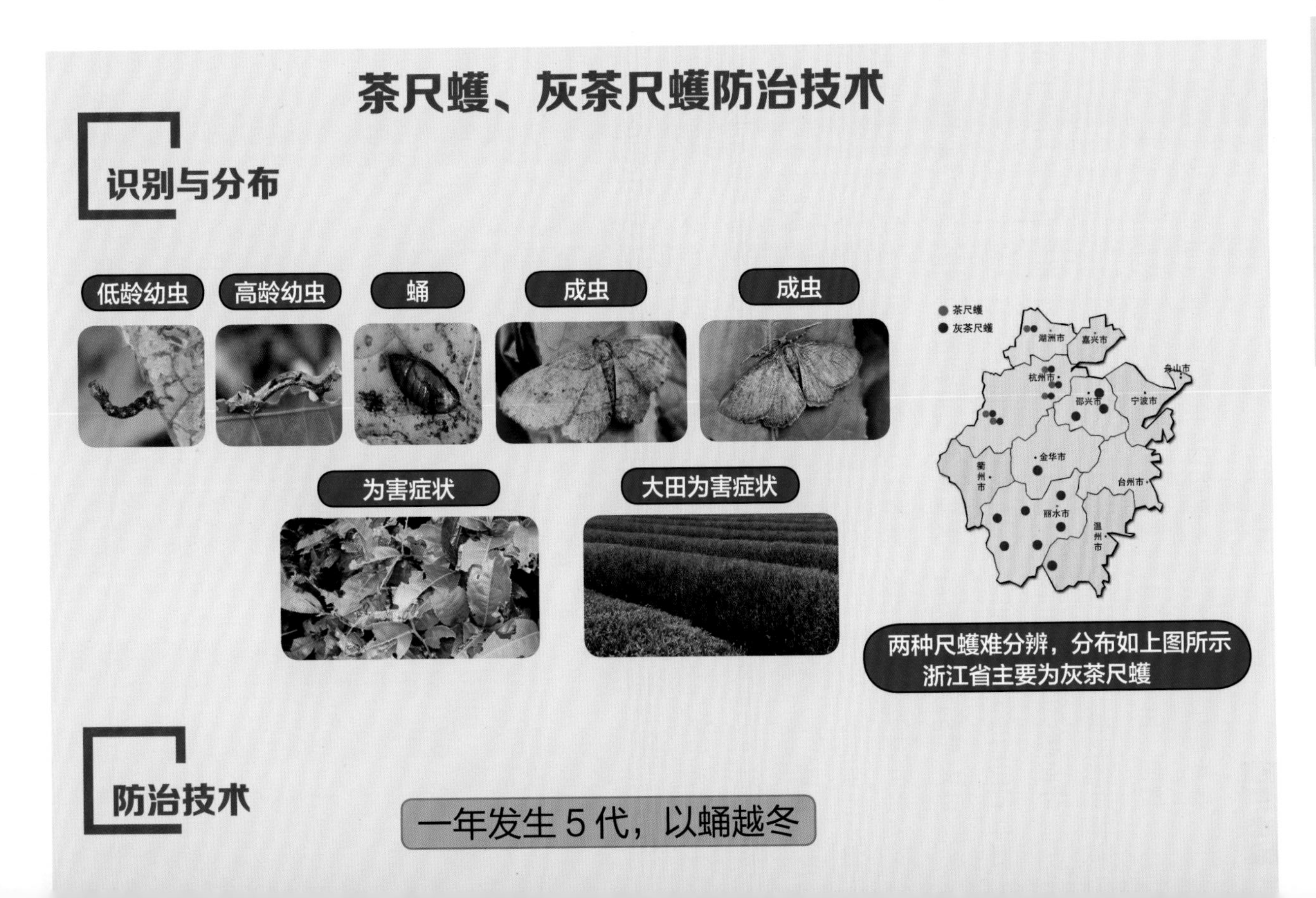

茶尺蠖、灰茶尺蠖防治技术
识别与分布
低龄幼虫
高龄幼虫
蛹
成虫
成虫
为害症状
大田为害症状
茶尺蠖
灰茶尺蠖
湖洲市
嘉兴市
杭州市
舟山市
邵兴市
宁波市
金华市
衢州市
台州市
丽水市
温州市
两种尺蠖难分辨，分布如上图所示
浙江省主要为灰茶尺蠖
防治技术
一年发生 5 代，以蛹越冬

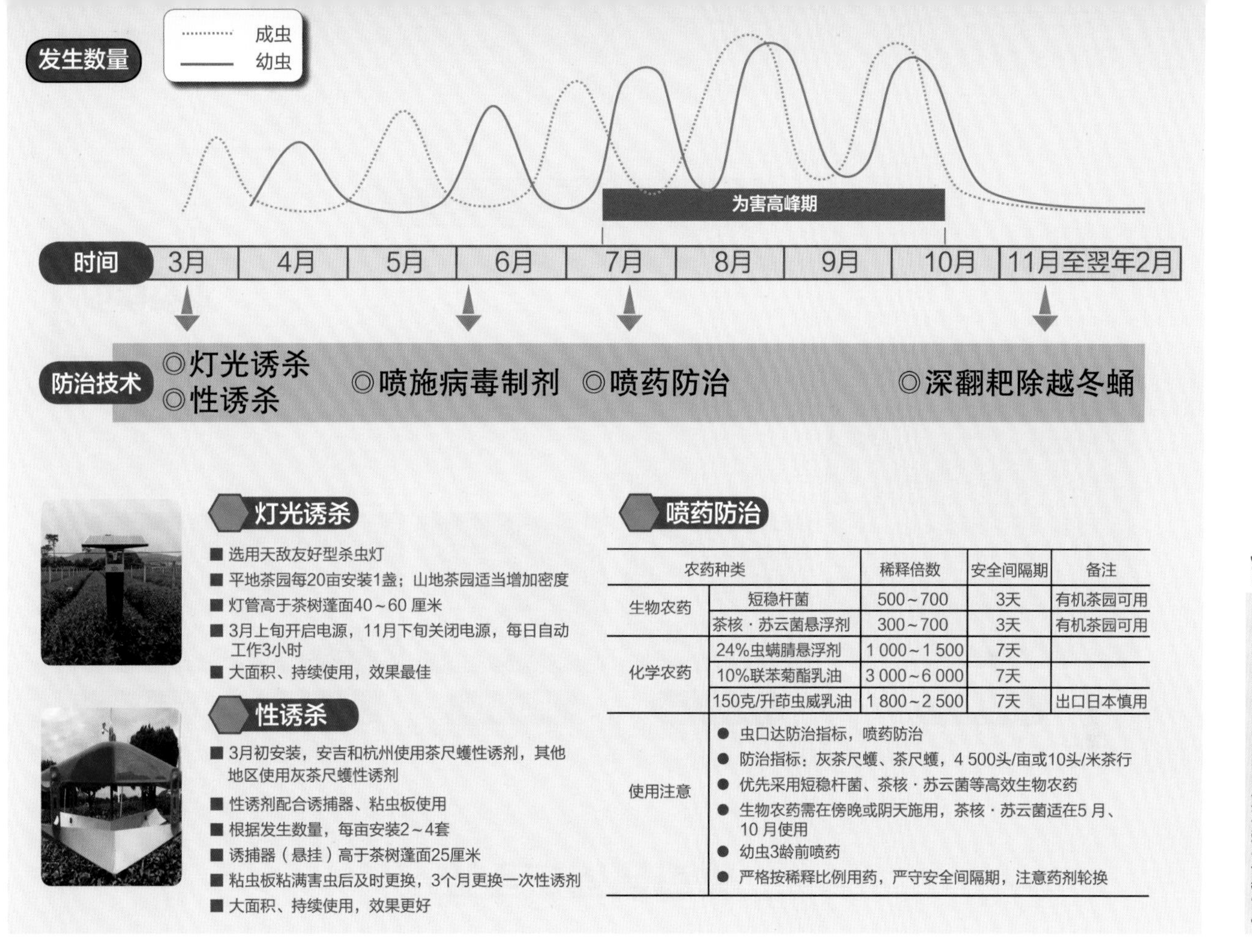
发生数量
成虫
幼虫
为害高峰期
时间
3月
4月
5月
6月
7月
8月
9月
10月
11月至翌年2月
防治技术
◎灯光诱杀
◎性诱杀
◎喷施病毒制剂
◎喷药防治
◎深翻耙除越冬蛹
灯光诱杀
■ 选用天敌友好型杀虫灯
■ 平地茶园每20亩安装1盏；山地茶园适当增加密度
■ 灯管高于茶树蓬面40～60 厘米
■ 3月上旬开启电源，11月下旬关闭电源，每日自动工作3小时
■ 大面积、持续使用，效果最佳
性诱杀
■ 3月初安装，安吉和杭州使用茶尺蠖性诱剂，其他地区使用灰茶尺蠖性诱剂
■ 性诱剂配合诱捕器、粘虫板使用
■ 根据发生数量，每亩安装2～4套
■ 诱捕器（悬挂）高于茶树蓬面25厘米
■ 粘虫板粘满害虫后及时更换，3个月更换一次性诱剂
■ 大面积、持续使用，效果更好
喷药防治

农药种类		稀释倍数	安全间隔期	备注
生物农药	短稳杆菌	500～700	3天	有机茶园可用
	茶核·苏云菌悬浮剂	300～700	3天	有机茶园可用
化学农药	24%虫螨腈悬浮剂	1 000～1 500	7天	
	10%联苯菊酯乳油	3 000～6 000	7天	
	150克/升茚虫威乳油	1 800～2 500	7天	出口日本慎用
使用注意	● 虫口达防治指标，喷药防治 ● 防治指标：灰茶尺蠖、茶尺蠖，4 500头/亩或10头/米茶行 ● 优先采用短稳杆菌、茶核·苏云菌等高效生物农药 ● 生物农药需在傍晚或阴天施用，茶核·苏云菌适在5 月、10 月使用 ● 幼虫3龄前喷药 ● 严格按稀释比例用药，严守安全间隔期，注意药剂轮换			

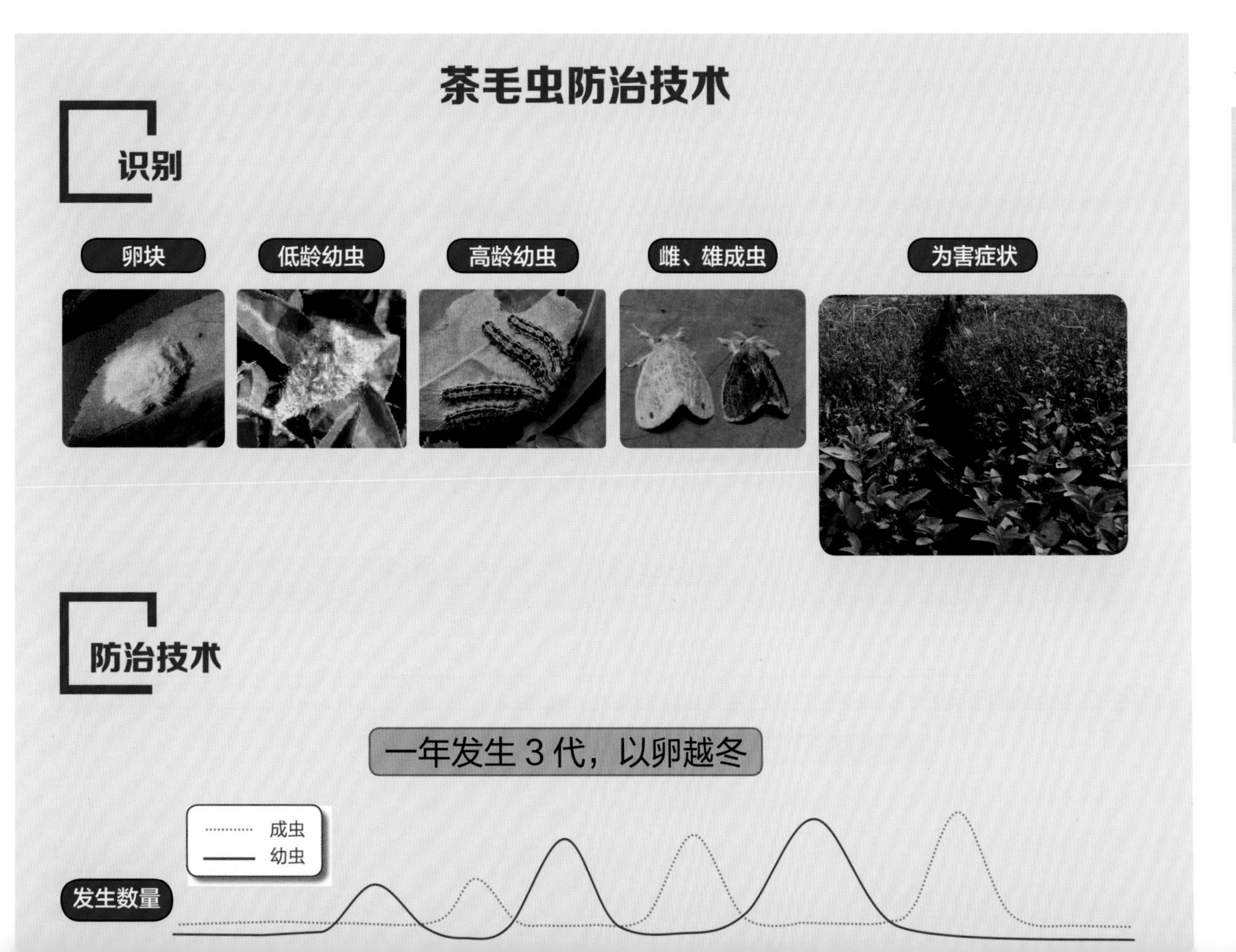
茶毛虫防治技术
识别
卵块
低龄幼虫
高龄幼虫
雌、雄成虫
为害症状
防治技术
一年发生 3 代，以卵越冬
成虫
幼虫
发生数量

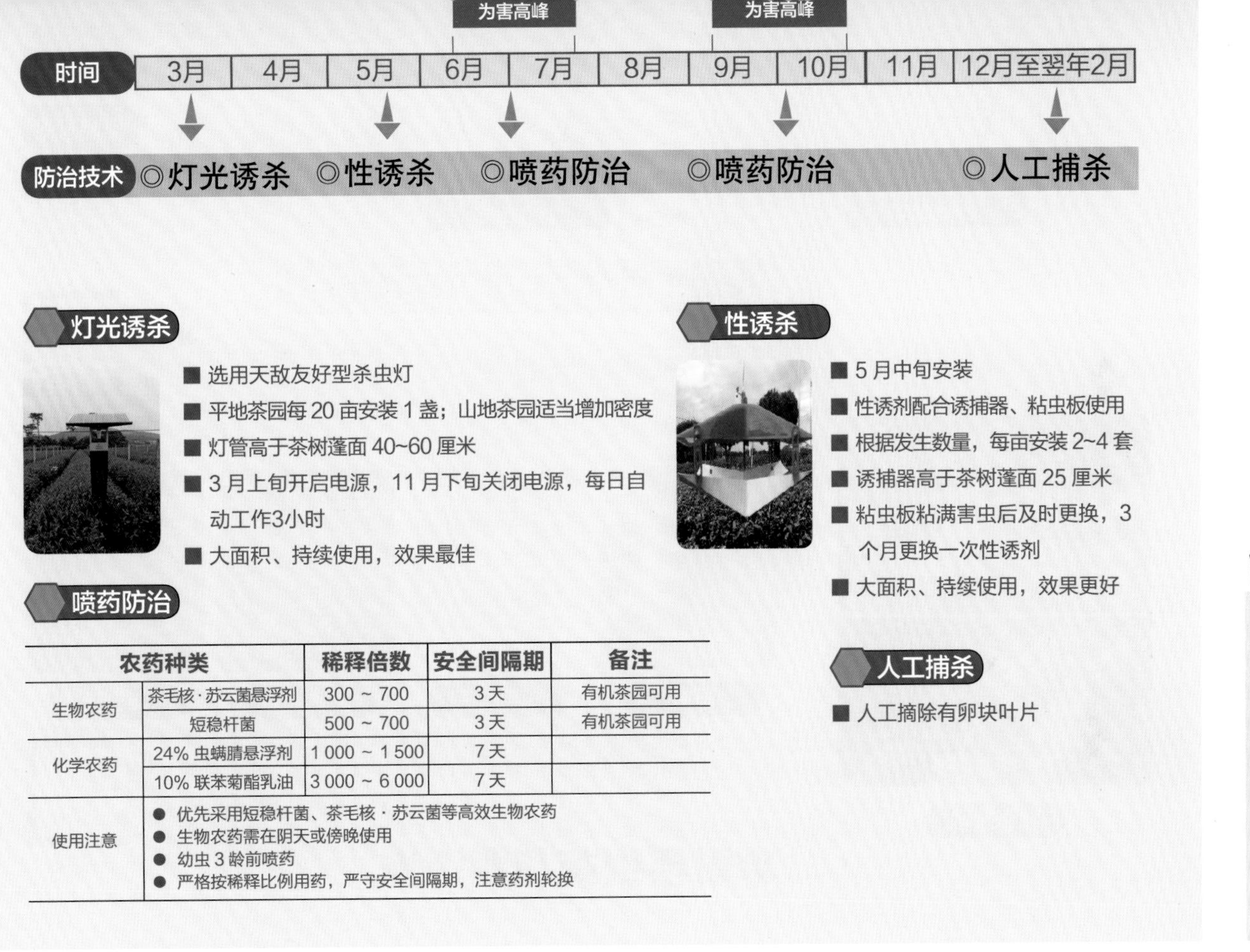

时间	3月	4月	5月	6月	7月	8月	9月	10月	11月	12月至翌年2月
				为害高峰	为害高峰		为害高峰	为害高峰		
防治技术	◎灯光诱杀		◎性诱杀		◎喷药防治			◎喷药防治		◎人工捕杀

灯光诱杀

- ■ 选用天敌友好型杀虫灯
- ■ 平地茶园每 20 亩安装 1 盏；山地茶园适当增加密度
- ■ 灯管高于茶树蓬面 40~60 厘米
- ■ 3 月上旬开启电源，11 月下旬关闭电源，每日自动工作3小时
- ■ 大面积、持续使用，效果最佳

性诱杀

- ■ 5 月中旬安装
- ■ 性诱剂配合诱捕器、粘虫板使用
- ■ 根据发生数量，每亩安装 2~4 套
- ■ 诱捕器高于茶树蓬面 25 厘米
- ■ 粘虫板粘满害虫后及时更换，3 个月更换一次性诱剂
- ■ 大面积、持续使用，效果更好

喷药防治

农药种类		稀释倍数	安全间隔期	备注
生物农药	茶毛核·苏云菌悬浮剂	300 ~ 700	3天	有机茶园可用
	短稳杆菌	500 ~ 700	3天	有机茶园可用
化学农药	24% 虫螨腈悬浮剂	1 000 ~ 1 500	7天	
	10% 联苯菊酯乳油	3 000 ~ 6 000	7天	
使用注意	● 优先采用短稳杆菌、茶毛核·苏云菌等高效生物农药 ● 生物农药需在阴天或傍晚使用 ● 幼虫 3 龄前喷药 ● 严格按稀释比例用药，严守安全间隔期，注意药剂轮换			

人工捕杀

- ■ 人工摘除有卵块叶片

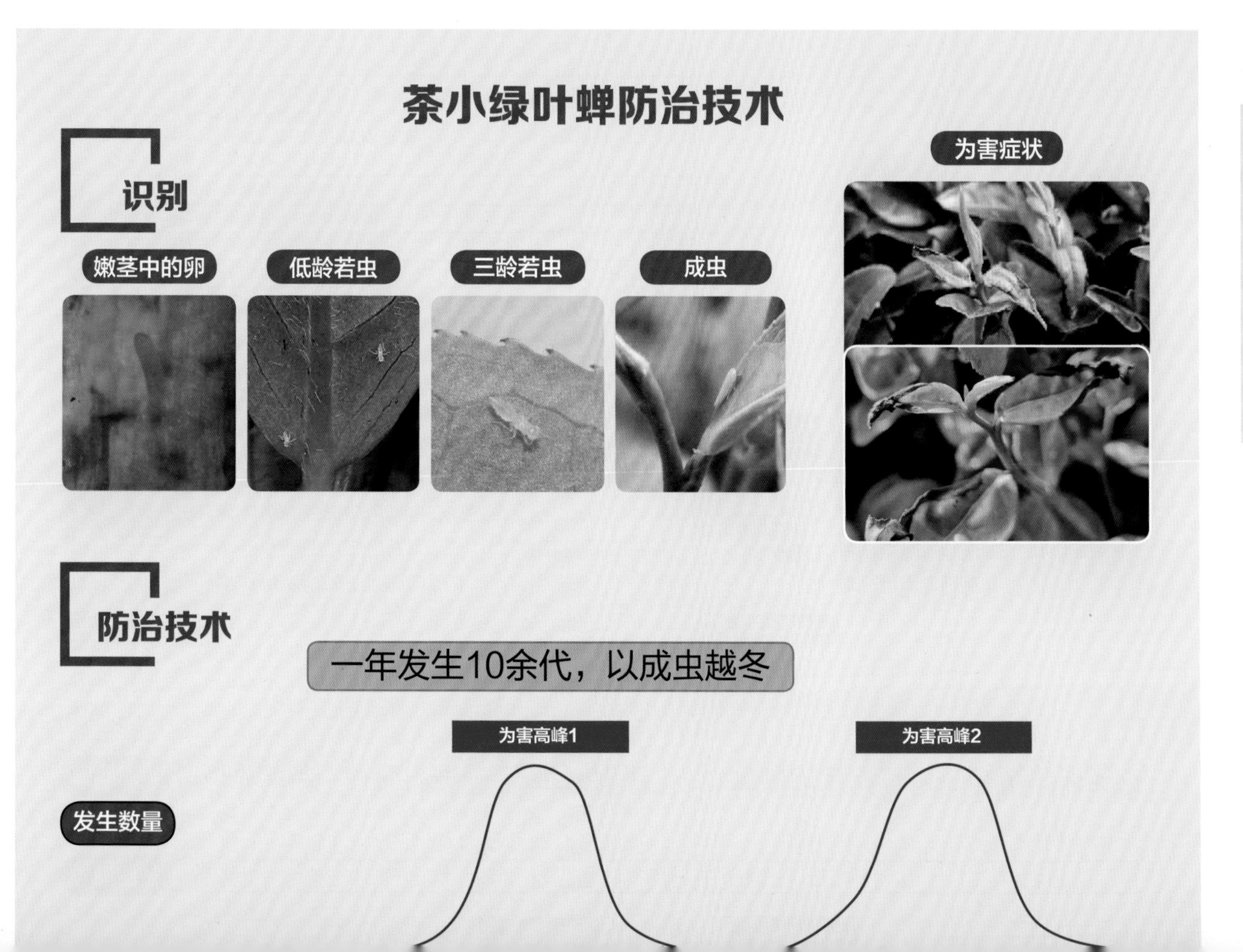
茶小绿叶蝉防治技术
识别
嫩茎中的卵
低龄若虫
三龄若虫
成虫
为害症状
防治技术
一年发生10余代，以成虫越冬
为害高峰1
为害高峰2
发生数量

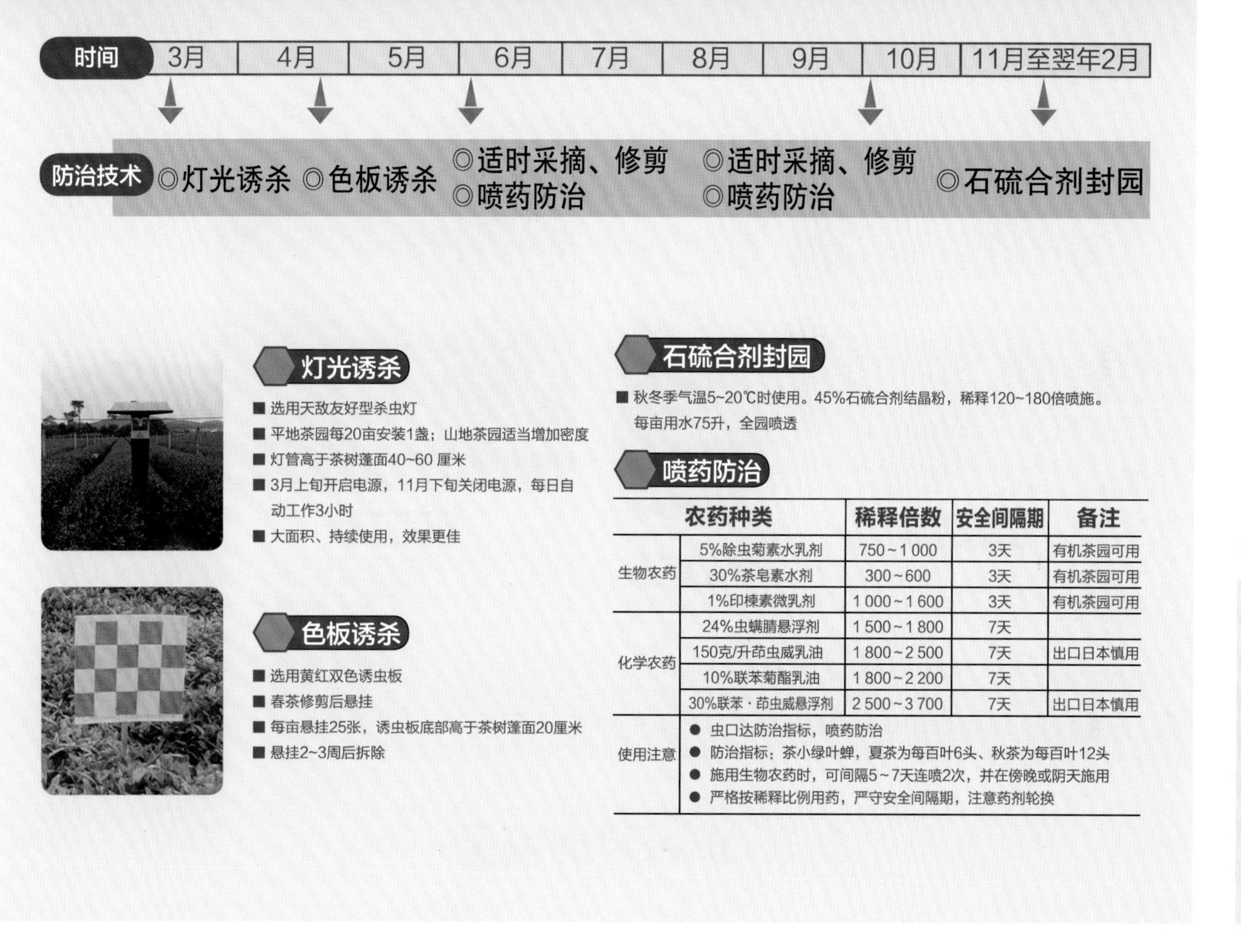

时间	3月	4月	5月	6月	7月	8月	9月	10月	11月至翌年2月
防治技术	◎灯光诱杀	◎色板诱杀		◎适时采摘、修剪 ◎喷药防治				◎适时采摘、修剪 ◎喷药防治	◎石硫合剂封园

灯光诱杀

- 选用天敌友好型杀虫灯
- 平地茶园每20亩安装1盏；山地茶园适当增加密度
- 灯管高于茶树蓬面40~60 厘米
- 3月上旬开启电源，11月下旬关闭电源，每日自动工作3小时
- 大面积、持续使用，效果更佳

色板诱杀

- 选用黄红双色诱虫板
- 春茶修剪后悬挂
- 每亩悬挂25张，诱虫板底部高于茶树蓬面20厘米
- 悬挂2~3周后拆除

石硫合剂封园

- 秋冬季气温5~20℃时使用。45%石硫合剂结晶粉，稀释120~180倍喷施。每亩用水75升，全园喷透

喷药防治

农药种类		稀释倍数	安全间隔期	备注
生物农药	5%除虫菊素水乳剂	750～1 000	3天	有机茶园可用
	30%茶皂素水剂	300～600	3天	有机茶园可用
	1%印楝素微乳剂	1 000～1 600	3天	有机茶园可用
化学农药	24%虫螨腈悬浮剂	1 500～1 800	7天	
	150克/升茚虫威乳油	1 800～2 500	7天	出口日本慎用
	10%联苯菊酯乳油	1 800～2 200	7天	
	30%联苯·茚虫威悬浮剂	2 500～3 700	7天	出口日本慎用
使用注意	● 虫口达防治指标，喷药防治 ● 防治指标：茶小绿叶蝉，夏茶为每百叶6头、秋茶为每百叶12头 ● 施用生物农药时，可间隔5～7天连喷2次，并在傍晚或阴天施用 ● 严格按稀释比例用药，严守安全间隔期，注意药剂轮换			

害螨防治技术

识别

茶橙瘿螨

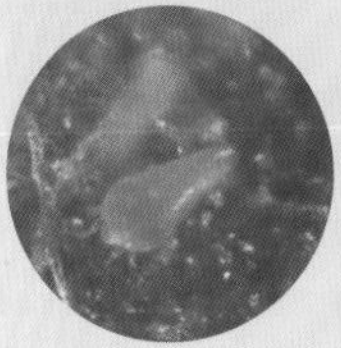

为害症状

茶跗线螨

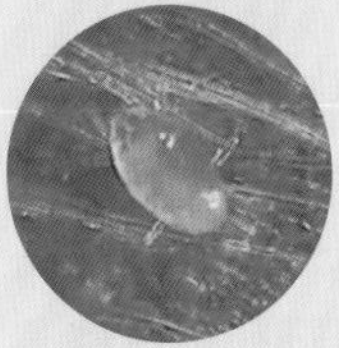

为害症状

防治技术

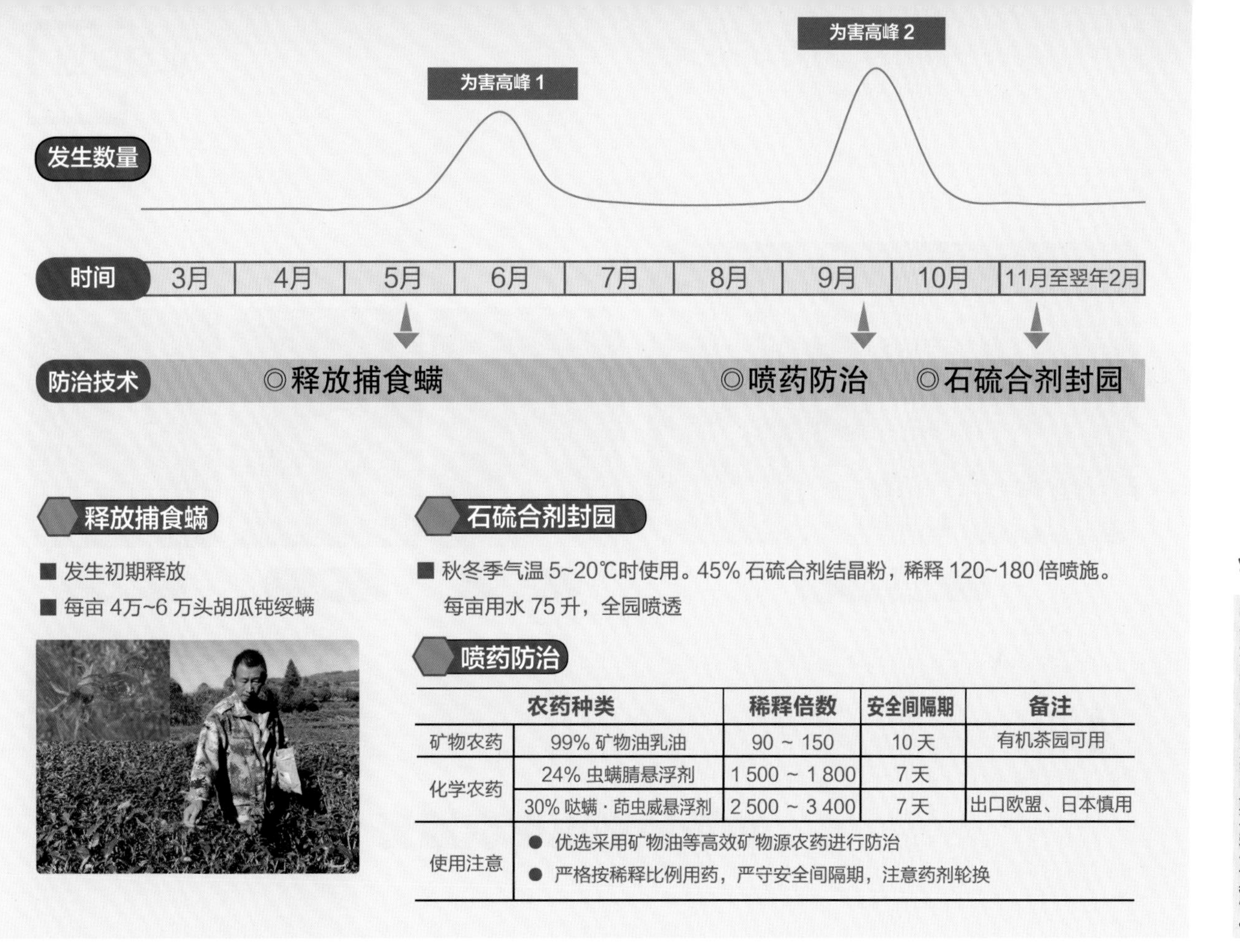

释放捕食螨

- ■ 发生初期释放
- ■ 每亩 4万~6 万头胡瓜钝绥螨

石硫合剂封园

- ■ 秋冬季气温 5~20℃时使用。45% 石硫合剂结晶粉，稀释 120~180 倍喷施。每亩用水 75 升，全园喷透

喷药防治

农药种类		稀释倍数	安全间隔期	备注
矿物农药	99% 矿物油乳油	90 ~ 150	10 天	有机茶园可用
化学农药	24% 虫螨腈悬浮剂	1 500 ~ 1 800	7 天	
	30% 哒螨 · 茚虫威悬浮剂	2 500 ~ 3 400	7 天	出口欧盟、日本慎用
使用注意	● 优选采用矿物油等高效矿物源农药进行防治 ● 严格按稀释比例用药，严守安全间隔期，注意药剂轮换			

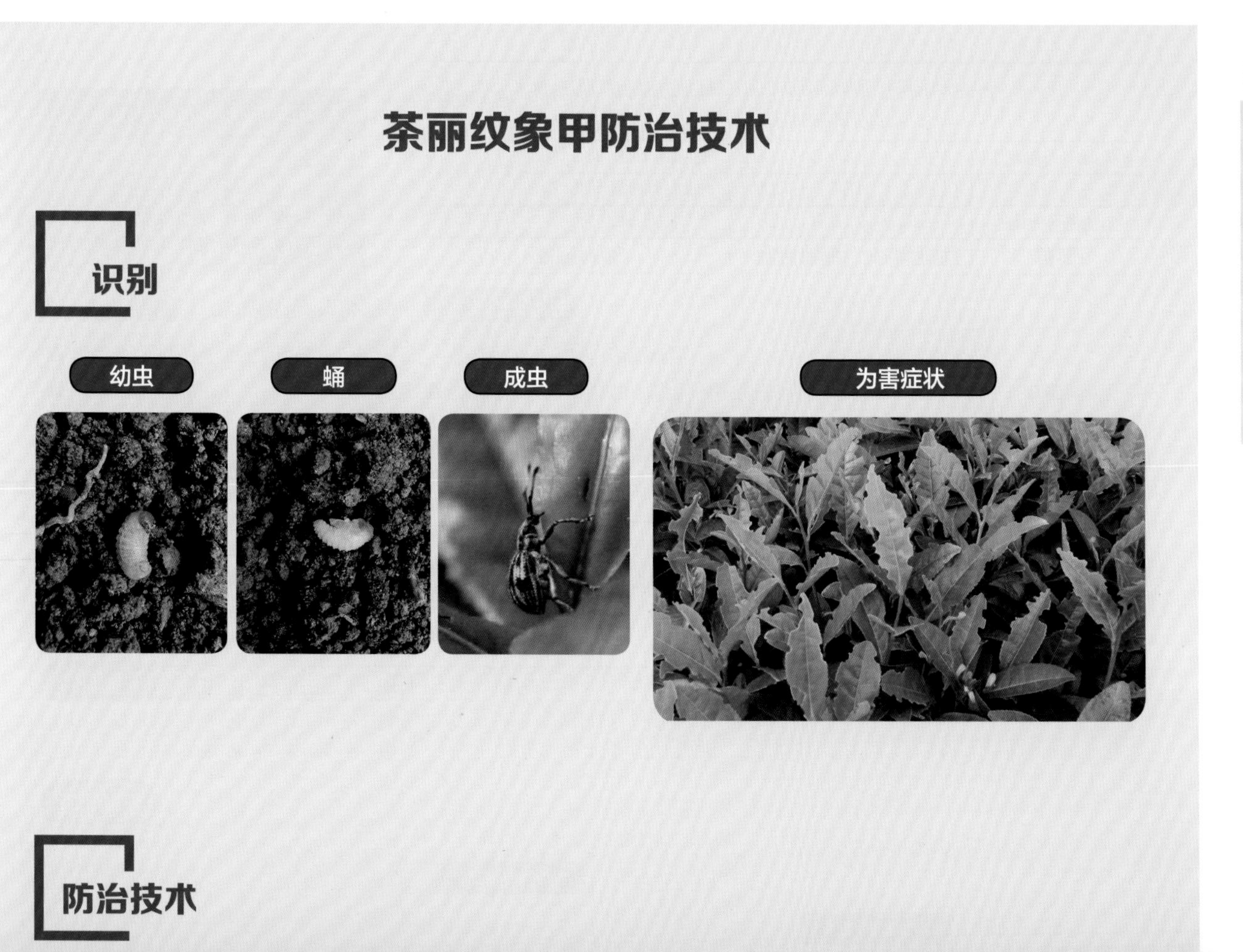
茶丽纹象甲防治技术
识别
幼虫
蛹
成虫
为害症状
防治技术

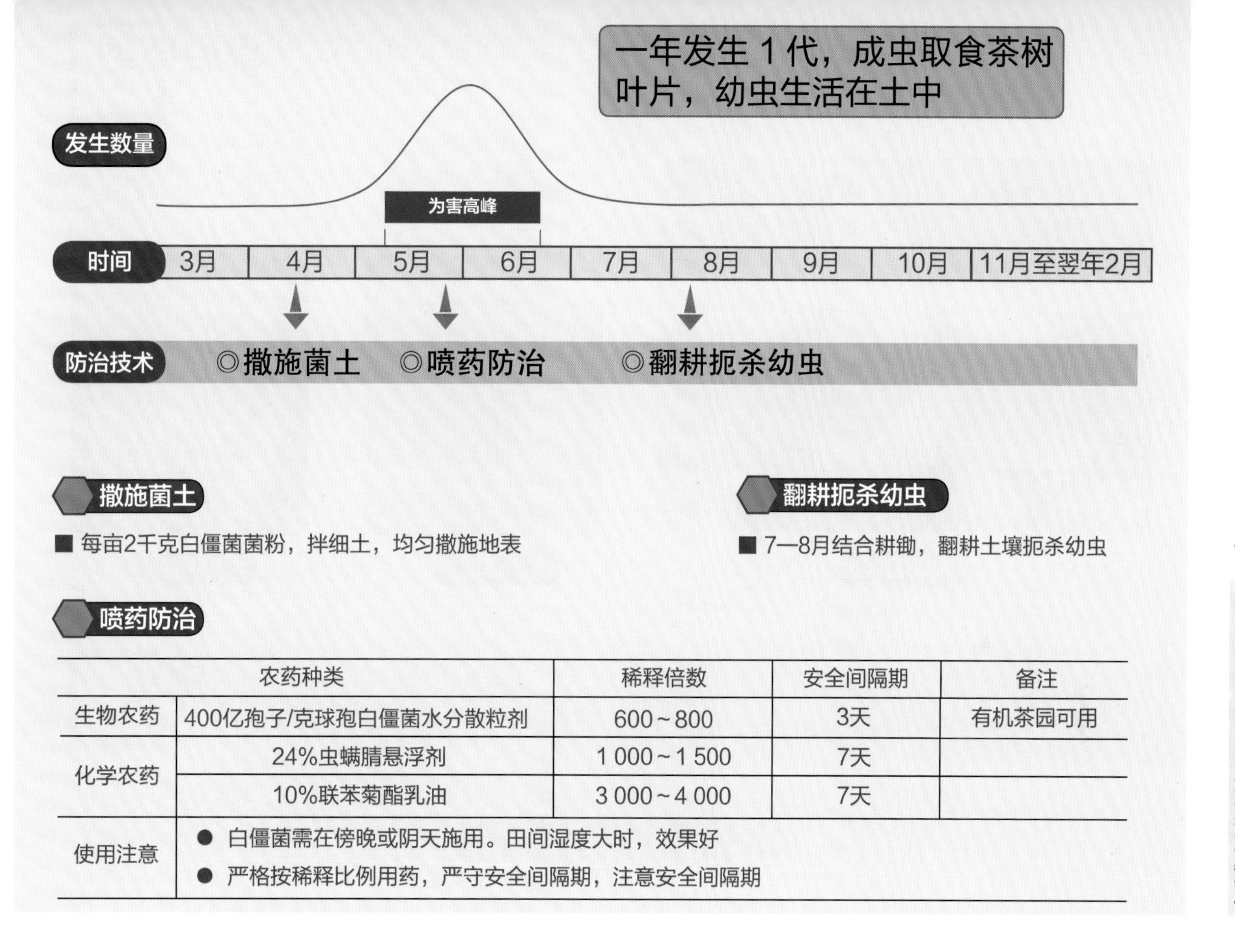

撒施菌土

■ 每亩2千克白僵菌菌粉，拌细土，均匀撒施地表

翻耕扼杀幼虫

■ 7—8月结合耕锄，翻耕土壤扼杀幼虫

喷药防治

农药种类		稀释倍数	安全间隔期	备注
生物农药	400亿孢子/克球孢白僵菌水分散粒剂	600～800	3天	有机茶园可用
化学农药	24%虫螨腈悬浮剂	1 000～1 500	7天	
	10%联苯菊酯乳油	3 000～4 000	7天	
使用注意	● 白僵菌需在傍晚或阴天施用。田间湿度大时，效果好 ● 严格按稀释比例用药，严守安全间隔期，注意安全间隔期			

茶棍蓟马防治技术

识别

防治技术

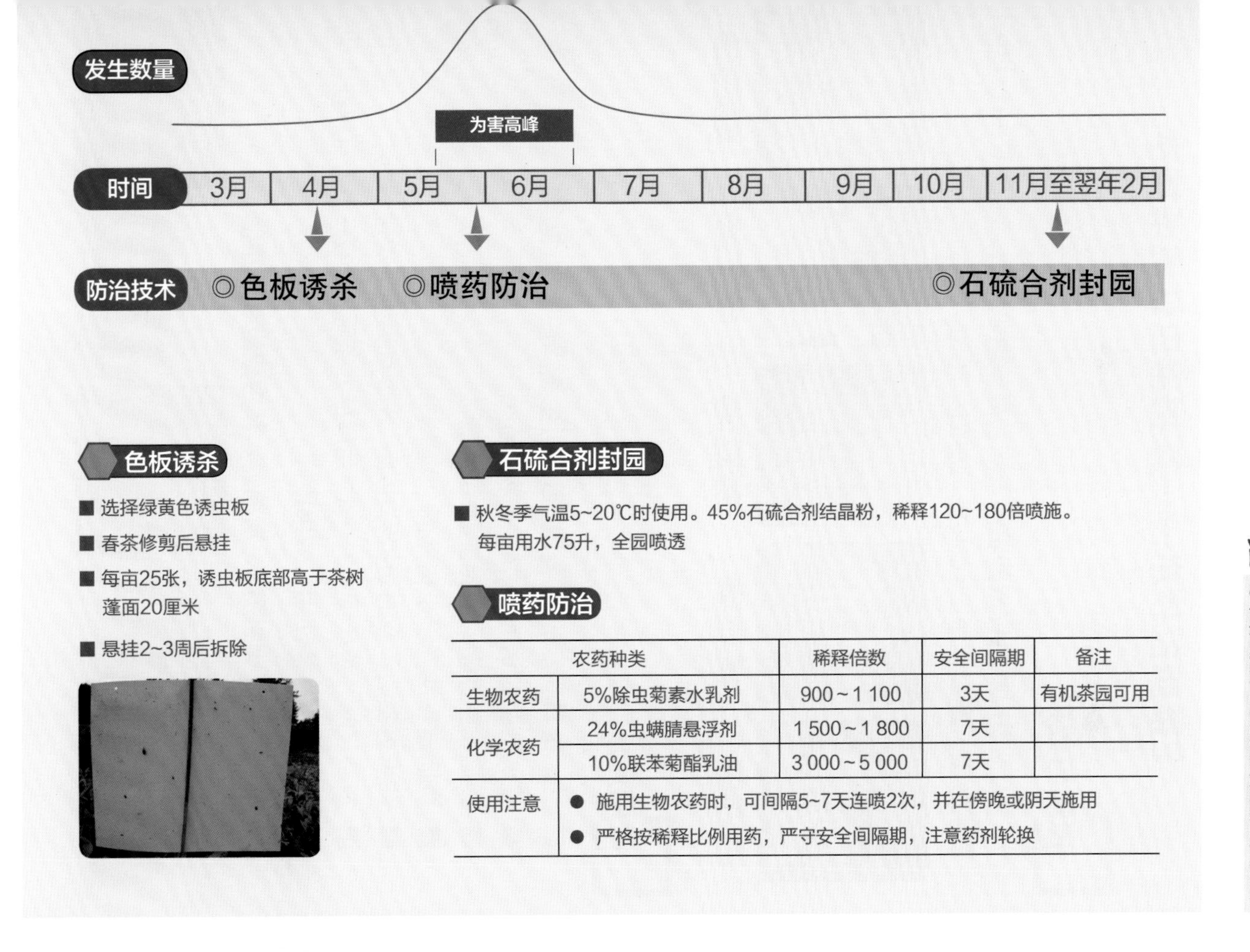

色板诱杀

- ■ 选择绿黄色诱虫板
- ■ 春茶修剪后悬挂
- ■ 每亩25张，诱虫板底部高于茶树蓬面20厘米
- ■ 悬挂2~3周后拆除

石硫合剂封园

- ■ 秋冬季气温5~20℃时使用。45%石硫合剂结晶粉，稀释120~180倍喷施。每亩用水75升，全园喷透

喷药防治

农药种类		稀释倍数	安全间隔期	备注
生物农药	5%除虫菊素水乳剂	900~1 100	3天	有机茶园可用
化学农药	24%虫螨腈悬浮剂	1 500~1 800	7天	
	10%联苯菊酯乳油	3 000~5 000	7天	
使用注意	● 施用生物农药时，可间隔5~7天连喷2次，并在傍晚或阴天施用 ● 严格按稀释比例用药，严守安全间隔期，注意药剂轮换			

主推防控技术——茶树害虫性诱杀技术

原理与效果

人工模拟雌蛾释放的求偶气味，高效诱杀雄蛾，减少下一代幼虫发生数量。连续诱杀 2 代成虫，防效达 70%。

灰茶尺蠖

茶毛虫

茶细蛾

茶蚕

斜纹夜蛾

使用方法

- 性诱剂具有专一性，根据目标害虫选择性诱剂种类
- 性诱剂配合诱捕器、粘虫板使用
- 根据发生数量，每亩安装 2~4 套
- 诱捕器悬挂高于茶树蓬面 25 厘米
- 粘满害虫后，及时更换粘虫板；3 个月更换一次性诱剂
- 灰茶尺蠖、茶尺蠖：3 — 11 月悬挂；茶毛虫：5 — 11 月悬挂
- 大面积、持续使用，效果更好

性诱剂、诱捕器、粘虫板组装示意图

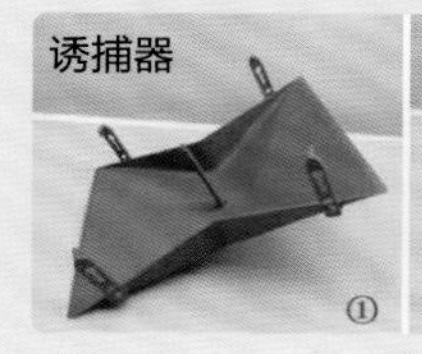

主推防控技术——天敌友好型杀虫灯

原理与效果

针对茶树主要害虫设计光源光谱，减少天敌误杀，害虫诱杀效果增加90%，天敌误杀量降低一半。

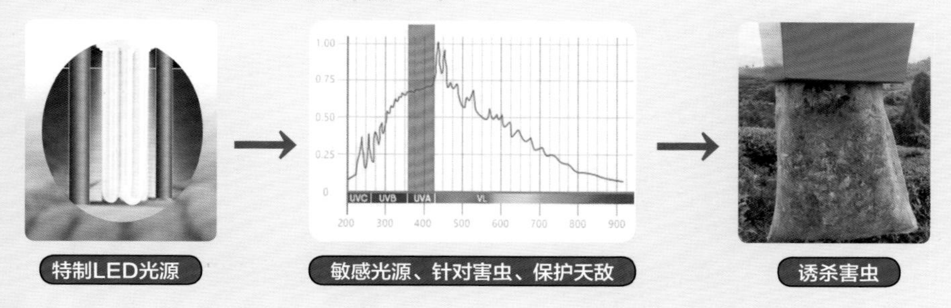

使用方法

- 3月上旬开启电源，11月下旬关闭电源，每日自动工作3小时
- 平地茶园每20亩安装1盏；山地茶园适当增加密度
- 灯管下端高于茶蓬40～60厘米
- 大面积、持续使用，效果最佳
- 定期清理虫兜，设备故障及时联系厂家维修
- 可采用物联网、手机APP远程控制与监测

主推防控技术——诱虫板

原理与效果

黄红双色诱虫板：针对茶小绿叶蝉、黑刺粉虱使用。黄色引诱害虫，红色驱避天敌。与常规诱虫板相比，叶蝉诱杀量增加 50%，天敌诱杀量降低 30%。

绿黄色诱虫板：针对茶棍蓟马使用。与常规诱虫板相比，蓟马诱杀数量增加 70%。

黄红双色诱虫板

绿黄色诱虫板

使用方法

- 黑刺粉虱：选用黄红双色诱虫板，春茶采摘前悬挂
- 茶小绿叶蝉：选用黄红双色诱虫板，春茶修剪后悬挂和 9 月悬挂
- 茶棍蓟马：选用绿黄色诱虫板，春茶修剪后悬挂
- 每亩悬挂 25 张，春季（悬挂）高于茶蓬 20厘米，秋季（悬挂）高于茶蓬10厘米
- 悬挂 2 ~ 3 周，及时清理

主推防控技术——病毒制剂

原理与效果

由茶尺蠖核型多角体病毒和苏云金杆菌制成的低毒、高效生物药剂。苏云金杆菌快速杀死害虫；病毒可在田间传播，具良好的持续控制效果。药后 7 天防效达 80% 以上。

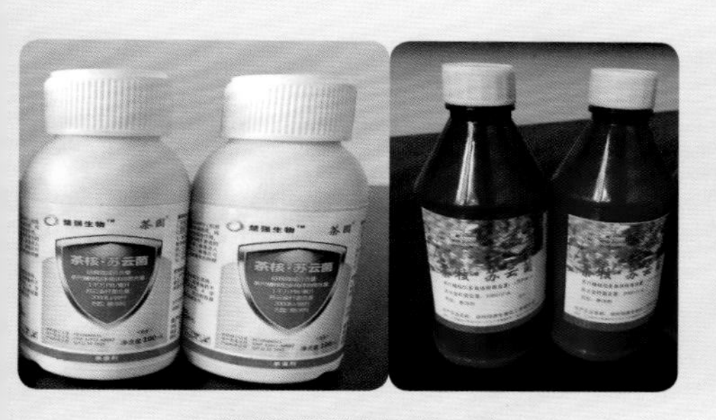

病毒制剂产品

感毒尺蠖尸体

使用方法

- 茶尺蠖防控使用江苏省生产的产品，稀释为 500~750 倍水溶液，喷雾
- 灰茶尺蠖防控使用湖北省生产的产品，稀释为 300 倍水溶液，喷雾
- 5月、6月、10 月的傍晚或阴天使用，施药时虫龄不宜超过 3 龄
- 安全间隔期 3 天
- 勿与碱性药剂混用，桑园及蚕室附近禁用

主推防控技术——防草布控草技术

原理与效果

PE80（聚乙烯，80克/平方米）是一种新型的覆盖除草材料。具拉伸强度高、耐老化，透气、透水等优点，有良好的长期控制效果，防效可达100%。成本为人工除草的40%~60%。

新种单条栽茶园全园覆盖

未封行茶园行间覆盖

使用方法

- 选择宽度合适的防草布，避免二次裁剪，每米1个地钉固定
- 全园覆盖：新种单条栽茶园，行间铺设，防草布覆盖至茶树基部
- 行间覆盖：未封行茶园，行间铺设，防草布覆盖至距茶树基部20~30厘米
- 可使用背负式固体施肥器丛间施肥或掀开防草布一侧施基肥
- 及时拔除茶树丛间、防草布表面的少量杂草

主推防控技术——鼠茅草抑草技术

原理与效果

3—5月为鼠茅草旺长期，通过竞争生长，控制杂草。6月中下旬，鼠茅草枯萎、倒伏，通过覆盖，控制杂草。防草效果为50%~80%，且生态友好、田间管理简单。

鼠茅草旺长期

鼠茅草枯草期

鼠茅草与防草布联用

使用方法

- 10 月中旬行间播种；播种前，浅耕施基肥
- 每亩1~2千克种子；种子与细土（细沙）按1:（5~10）混匀后，行间撒播，覆薄土，压实
- 翌年春天追施尿素，每亩5~6 千克
- 幼龄茶园还可与防草布联用。即茶树基部两侧覆盖防草布，行间种植鼠茅草

主推防控技术——静电喷雾技术

原理与效果

一种高效施药器械。喷出的雾滴带有电荷，细密、分散性好。与常规手动喷雾器相比，可省药 20% ，省水 60% 以上。最适用于防治茶小绿叶蝉、蓟马等为害嫩梢的害虫。

静电喷雾器喷雾效果好，省水省药

静电喷雾，雾滴细密

常规手动喷雾，雾滴大、分散不均匀

使用方法

- 亩用药量是农药推荐剂量的 80%，亩用水量为 16 升
- 添加药剂和水时，需用过滤网，防止喷头堵塞
- 施药前摇匀药液，擦干喷雾器外壁和静电发生器

静电喷雾在茶园的使用

茶园病虫草害绿色防控技术小结

杀虫灯：选用天敌友好型杀虫灯；每15~20亩安装1盏，灯管下端高于茶蓬40~60厘米；3月开启电源，11月关闭电源，每日自动工作3小时；大面积、持续使用，效果最佳。

诱虫板：茶小绿叶蝉选用黄红双色诱虫板，茶棍蓟马选用绿黄色诱虫板，每亩25张，色板下沿高于茶蓬20厘米，悬挂2~3周后移除。

性诱剂：根据害虫种类选择性诱剂；性诱剂配合诱捕器、粘虫板使用；每亩2~4套；粘虫板粘满害虫后及时更换，每3个月更换一次性诱剂；大面积、持续使用，效果最佳。

捕食螨：害螨发生初期释放，每亩4万~6万头胡瓜钝绥螨。

石硫合剂封园：秋冬季气温5~20℃时使用。45%石硫合剂结晶粉，稀释120~180倍液喷施。每亩用水75升，全园喷透。

行间撒播鼠茅草：种子10月播种，每亩1~2千克鼠茅草种子，翌年春天每亩追施5~6千克尿素。

行间覆盖防草布：选用适合宽度的PE80（聚乙烯，80克/平方米）防草布，行间覆盖，每米1个地钉固定。

喷药防治：防治用药参见“茶园常用农药”。首选短稳杆菌、矿物油、病毒、天然除虫菊素等高效非化学农药；喷施生物农药时，需在傍晚或阴天施用。

茶园常用农药

防治对象	农药类型	农药种类	稀释倍数	适用茶园	安全间隔期
茶小绿叶蝉	生物农药	5%除虫菊素水乳剂	750～1 000	有机可用	3天
		30%茶皂素水剂	300～600	有机可用	3天
		1%印楝素微乳剂	1 000～1 600	有机可用	3天
	化学农药	24%虫螨腈悬浮剂	1 500～1 800		7天
		150克/升茚虫威乳油	1 800～2 500	出口日本慎用	7天
		10%联苯菊酯乳油	1 800～2 200		7天
		30%联苯·茚虫威悬浮剂	2 500～3 700	出口日本慎用	7天
茶尺蠖/灰茶尺蠖	生物农药	短稳杆菌	500～700	有机可用	3天
		茶核·苏云菌悬浮剂	300～700	有机可用	3天
	化学农药	24%虫螨腈悬浮剂	1 000～1 500		7天
		150克/升茚虫威乳油	1 800～2 500	出口日本慎用	7天
		10%联苯菊酯乳油	3 000～6 000		7天
茶棍蓟马	生物农药	5%除虫菊素水乳剂	900～1 100	有机可用	3天
	化学农药	24%虫螨腈悬浮剂	1 500～1 800		7天
		10%联苯菊酯乳油	3 000～5 000		7天
害螨	矿物农药	99%矿物油乳油	90～150	有机可用	10天
	化学农药	24%虫螨腈悬浮剂	1 500～1 800		7天
		30%哒螨·茚虫威悬浮剂	2 500～3 400	出口欧盟、日本慎用	7天

茶丽纹象甲	生物农药	400亿孢子/克球孢白僵菌水分散粒剂	600～800	有机可用	3天
	化学农药	24%虫螨腈悬浮剂	1 000～1 500		7天
		10%联苯菊酯乳油	3 000～4 000		7天
茶毛虫	生物农药	短稳杆菌	500～700	有机可用	3天
		茶毛核·苏云菌	300～700	有机可用	3天
	化学农药	24%虫螨腈悬浮剂	1 000～1 500		7天
		10%联苯菊酯乳油	3 000～6 000		7天
茶炭疽病	生物农药	3%多抗霉素可湿性粉剂	200～400	有机可用	7天
	化学农药	22.5%啶氧菌酯悬浮剂	1 000～2 000	出口欧盟慎用	10天
		250克/升吡唑醚菌酯乳油	1 000～2 000	出口欧盟慎用	21天
杂草	矿物农药	57%石蜡油乳油	20～50	有机可用	3天
封园药剂	矿物农药	45%石硫合剂结晶粉	120～180	有机可用	

使用注意

- 防治指标：茶尺蠖、灰茶尺蠖，4 500头/亩或10头/米茶行；茶小绿叶蝉，夏茶为6头/百叶、秋茶为12头/百叶；害螨，3~4头/平方厘米叶面积或有螨叶率＞40%
- 虫龄较小时喷药，效果好
- 除虫菊素、短稳杆菌、病毒制剂等生物农药需在傍晚或阴天施用；病毒制剂在4月、5月、10月喷施
- 注意药剂轮换
- 喷施生物农药防治茶小绿叶蝉、茶棍蓟马时，需提早并间隔5~7天连喷2次
- 防治炭疽病时，需在发病前期或初期，间隔7~10天连喷2次
- 利用白僵菌防治茶丽纹象甲时，需在成虫出土初期使用
- 秋冬季5~20℃时，石硫合剂封园，每亩用水75 升，全园喷透

茶园禁限用和不建议使用的农药

依据农业农村部相关规定，下列62种剧毒、高毒农药，不得用于茶叶生产：六六六、滴滴涕、毒杀芬、二溴氯丙烷、杀虫脒、二溴乙烷、除草醚、艾氏剂、狄氏剂、汞制剂、砷类、铅类、敌枯双、氟乙酰胺、甘氟、毒鼠强、氟乙酸钠、毒鼠硅、甲胺磷、对硫磷、甲基对硫磷、久效磷、磷胺、苯线磷、地虫硫磷、甲基硫环磷、磷化钙、磷化镁、磷化锌、硫线磷、蝇毒磷、治螟磷、特丁硫磷、氯磺隆、胺苯磺隆、甲磺隆、福美胂、福美甲胂、三氯杀螨醇、林丹、硫丹、溴甲烷、氟虫胺、杀扑磷、百草枯、2, 4-滴丁酯、甲拌磷、甲基异柳磷、克百威、水胺硫磷、氧乐果、灭多威、涕灭威、灭线磷、内吸磷、硫环磷、氯唑磷、乙酰甲胺磷、丁硫克百威、乐果、氰戊菊酯、氟虫腈。

此外，为保证饮茶者安全，不建议在茶园使用吡虫啉、啶虫脒、噻虫嗪、呋虫胺、噻虫啉、噻虫胺等水溶性农药。

浙江省茶园农药减施增效技术模式周年历

时间		3月	4月	5月	6月	7月	8月	9月	10月	11月至翌年2月
防治措施	茶尺蠖 / 灰茶尺蠖	打开杀虫灯电源，悬挂性诱剂		喷施病毒		喷药防治				1. 关闭杀虫灯电源 2. 清园 3. 石硫合剂封园 4. 深翻 5. 人工摘除茶毛虫越冬卵块
	茶毛虫	打开杀虫灯电源		悬挂性诱剂		喷药防治		喷药防治		
	茶小绿叶蝉	打开杀虫灯电源		悬挂诱虫板	适时采摘、修剪或喷药防治			适时采摘、修剪或喷药防治		
	茶棍蓟马			悬挂诱虫板，喷药防治						
	害螨		释放捕食螨					喷药防治		
	茶丽纹象甲		撒施菌土	喷药防治		翻耕扼杀幼虫				
	茶炭疽病				喷药防治					
	草害	行间覆盖防草布							或行间撒播鼠茅草种子	

代表害虫高发期，需注意田间虫口动态

附录　浙江茶园化肥农药减施增效技术周年历

时间		11月	12月	1月	2月	3月	4月	5月	6月	7月	8月	9月	10月
施肥技术	叶色白化/黄化品种①	1. 茶树轻修剪 2. 两次叶面肥④			1. 催芽肥（尿素） 2. 两次叶面肥		1. 茶树重修剪；2. 夏茶追肥（尿素）						1. 基肥（有机肥＋茶树专用肥） 2. 土壤酸化改良剂⑤ 3. 行间撒鼠茅草籽⑥
	名优绿茶②												
	大宗绿茶/香茶③	两次叶面肥④						夏茶追肥（尿素）	新梢留养	秋茶追肥（尿素）			
防治措施	茶尺蠖/灰茶尺蠖	关闭杀虫灯电源、封园、清园、深翻、人工摘除茶毛虫越冬卵块⑫				打开杀虫灯电源⑦，悬挂性诱剂⑧		喷施病毒制剂⑪		高发期，适时修剪、及时喷药			
	茶毛虫					打开杀虫灯电源⑦		悬挂性诱剂⑧		高发期，适时修剪、及时喷药⑪		高发期，适时喷药⑪	
	茶小绿叶蝉					打开杀虫灯电源⑦		悬挂诱虫板⑨	高发期，适时喷药⑪			高发期，适时喷药⑪	
	茶棍蓟马							高发期悬挂诱虫板，适时喷药⑪					
	害螨						释放捕食螨⑬	高发期				高发期，适时喷药⑪	
	茶丽纹象甲						撒施菌土⑩	高发期，适时喷药⑪		翻耕扼杀幼虫			
	茶炭疽病								适时喷药⑪	高发期			
	草害					行间覆盖防草布⑭							行间撒播鼠茅草⑥

主要关键技术参数

① **叶色白化 / 黄化品种采摘茶园：**基肥施菜籽饼 100 ~ 150 千克/亩（或畜禽粪有机肥 150 ~ 200 千克/亩）+ 茶树专用肥 20 ~ 30 千克/亩（18–8–12或相近配方）。追肥施尿素 5 ~ 6 千克/亩。

② **名优绿茶采摘茶园：**基肥施菜籽饼 100 ~ 150 千克/亩（或畜禽粪有机肥 150 ~ 200 千克/亩）+ 茶树专用肥 20 ~ 30 千克/亩（18–8–12 或相近配方）。追肥施尿素 8 ~ 10 千克/亩。

③ **大宗绿茶 / 香茶采摘茶园：**基肥施菜籽饼 150 ~ 200 千克/亩（或畜禽粪有机肥 200 ~ 300 千克/亩）+ 茶树专用肥 30 ~ 40 千克/亩（18–8–12 或相近配方）。追肥施尿素 8 ~ 10 千克/亩。

④ **叶面肥：**氨基酸叶面肥，喷施 500 毫升/亩（按说明书操作使用），间隔 2 周再喷施 1 次。

⑤ **土壤酸化改良剂：**施 50 ~ 100 千克/亩，行间撒施。

⑥ **鼠茅草：**播种鼠茅草籽 1 ~ 2 千克/亩，施基肥后进行，播种后适当覆土。

⑦ **杀虫灯：**选用天敌友好型杀虫灯，15 ~ 20 亩 / 盏，灯管下端位于茶蓬上方 40 ~ 60 厘米；3 月中旬打开电源，大面积、连片、效果最佳。

⑧ **性诱剂：**根据害虫种类选择性诱剂， 2 ~ 4 套 / 亩；诱捕器粘虫板粘满害虫后及时更换，每 3 个月更换一次性诱芯；大面积、持续使用，效果最佳。

⑨ **诱虫板：**茶小绿叶蝉选用天敌友好型诱虫板，茶棍蓟马选用绿色诱虫板，25 张 / 亩，色板下沿高于茶蓬 20 厘米，悬挂 2 ~ 3 周后移除。

⑩ **撒施菌土：**白僵菌菌粉 2 千克/ 亩，拌细土，均匀撒施地表。

⑪ **喷药防治：**首选短稳杆菌、矿物油、病毒制剂、天然除虫菊素等高效非化学农药；喷施生物农药时，需在傍晚或阴天施用。

⑫ **封园：**秋冬季气温不低于 4℃时，石硫合剂封园，用水量 75 升/亩，全园喷透。

⑬ **捕食螨：**4万 ~ 6万头/亩胡瓜钝绥螨。

⑭ **行间覆盖防草布：**选用合适宽度的PE80（聚乙烯，80克/平方米）防草布，行间覆盖，每米1个地钉固定。

注：防治药剂参见“茶园常用农药”。